EL PRINCIPIO DE LOS

morsas BEBÉS

KIM THOMPSON

CREATIVE EDUCATION • CREATIVE PAPERBACKS

CONT

ENIDO

Soy una cría 4

Hogar helado 6

Agua y tierra 8

Mis colmillos 10

Habla y escucha 12

Palabras de morsa 14

Índice alfabético 16

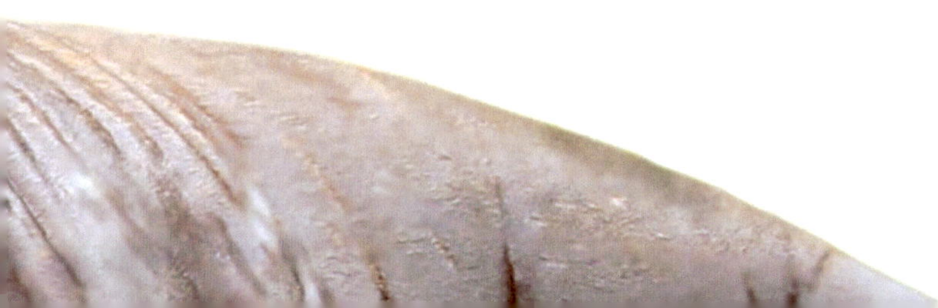

SOY UNA CRÍA.

Soy una morsa bebé.

Aún no tengo colmillos. Crecerán más adelante.

Nací sobre el hielo en el Océano Ártico. Pude nadar tan pronto como nací.

Tomo la leche de mi mamá. Tiene mucha grasa. Me ayuda a desarrollar una capa gruesa de grasa para mantenerme caliente.

Mis bigotes sensibles **me ayudan** a encontrar almejas en el fondo del océano. Después de 10 minutos, debo salir a la superficie para respirar.

En tierra, me quedo con mi colonia.

Para cuando tenga dos años, tendré colmillos.

Utilizo mis colmillos para abrir agujeros en el hielo y poder respirar. Los utilizo para sacar mi cuerpo grande del agua.

¡Voy a crecer mucho! Puedo pesar más que un automóvil.

HABLA Y ESCUCHA

OOR!

¿Puedes hablar como una cría?

Las morsas bebés llaman y gruñen.

Escucha estos sonidos:

https://www.youtube.com/watch?v=3iH4PMKalVE&t=5s

¡Ahora es tu turno!

PALABRAS DE MORSA

colmillos: dientes caninos de una morsa que crecen largos y puntia

colonia: un grupo de animales que viven y viajan juntos

grasa: una capa gruesa de tejido adiposo que ayuda a la morsa a mantenerse caliente en aguas frías

sensible: capaz de detectar cambios muy pequeños en el entorno